BEI GRIN MACHT SICH IHR WISSEN BEZAHLT

AF151428

- Wir veröffentlichen Ihre Hausarbeit,
  Bachelor- und Masterarbeit

- Ihr eigenes eBook und Buch -
  weltweit in allen wichtigen Shops

- Verdienen Sie an jedem Verkauf

Jetzt bei www.GRIN.com hochladen und kostenlos publizieren

Bibliografische Information der Deutschen Nationalbibliothek:

Die Deutsche Bibliothek verzeichnet diese Publikation in der Deutschen National-
bibliografie; detaillierte bibliografische Daten sind im Internet über http://dnb.d-
nb.de/ abrufbar.

Impressum:

Copyright © 2007 GRIN Verlag, Open Publishing GmbH
Druck und Bindung: Books on Demand GmbH, Norderstedt Germany
ISBN: 9783640717552

Dieses Buch bei GRIN:

http://www.grin.com/de/e-book/154478/risiken-verwundbarkeit-und-bewaeltigungs-
strategien-von-naturkatastrophen

Stephan Glöckner

Risiken, Verwundbarkeit und Bewältigungsstrategien von Naturkatastrophen

Sozialgeographische Aspekte von Naturkatastrophen

GRIN Verlag

GRIN - Your knowledge has value

Der GRIN Verlag publiziert seit 1998 wissenschaftliche Arbeiten von Studenten, Hochschullehrern und anderen Akademikern als eBook und gedrucktes Buch. Die Verlagswebsite www.grin.com ist die ideale Plattform zur Veröffentlichung von Hausarbeiten, Abschlussarbeiten, wissenschaftlichen Aufsätzen, Dissertationen und Fachbüchern.

Besuchen Sie uns im Internet:

http://www.grin.com/

http://www.facebook.com/grincom

http://www.twitter.com/grin_com

Leopold-Franzens Universität Innsbruck

Humangeographisches Seminar

Fakultät für Geo- und Atmosphärenwissenschaften

Innrain 52, 6020 Innsbruck

Sommersemester 2007

„Risiken, Verwundbarkeit und Bewältigungsstrategien von Naturkatastrophen, Sozialgeographische Aspekte von Naturkatastrophen"

Lehrveranstaltungsleiter:

Bearbeitung: Glöckner Stephan

Inhaltsverzeichnis:

1. Einleitung

Für mich stand außer Frage, dass mich das Thema über die Auswirkungen von Naturkatastrophen am meisten ansprach. Schon als kleiner Junge befasste ich mich mit solchen Erscheinungen. Gespannt sah ich im Fernsehen Vulkanausbrüche oder Folgen eines Erdbeben oder von Lawinen und Überschwemmungen. Ich war und bin heute noch von der Gewalt der Natur fasziniert und gleichzeitig lässt sie mich zum Denken anregen. Wahrscheinlich wirken Naturgewalten auf den Menschen irgendwie anziehend und aber auch abstoßend zugleich. Dies macht den Reiz sich mit diesem Thema beschäftigen zu wollen aus. Da wir dieses Thema zu dritt ausarbeiten, beschäftige ich mich nur am Rande mit den Risiken und den Bewältigungsstrategien. Vermehrt werde ich auf die Verwundbarkeit von Naturkatastrophen eingehen.

(http://www.deecee.de/uploads/pics/Lawine3.jpg)

2. Begriffsbestimmung

Drei Kriterien werden herangezogen wenn man von einer Katastrophe spricht. Erstens wird die Anzahl der Todesopfer oder der in Todesgefahr schwebenden Personen, zweitens die Anzahl der Verletzten (eventuell auch die der Betroffenen) und drittens werden die Sachwertverluste (in Geldeinheiten herangezogen. Diese drei Kriterien werden dabei fast beliebig mit unterschiedlichen Zahlenmaterial ausgestattet. Es ändert sich also je nach Höhe der Zahlenangabe die Definition. So beginnen bei einigen Autoren die Katastrophen bei 100 Todesopfern, bei anderen hingegen erst bei 1000. Das gleiche ist bei den Sachwertverlusten der Fall. Hier kann die Zahlenangabe schwanken zwischen einer Million US-Dollar, bis ab drei Millionen US$ (Nussbaumer 1996). In zusammenfassender Form fand ich ergänzende, unbestimmte Definitionen in Nussbaumers Ausarbeitung von 1996, diese sollen hier kurz noch aufgelistet sein:-„... ein Ereignis, das eine einschneidende Störung des normalen Tagesgeschehens mit sich bringt" (Cisin und Clark, Man and Society in Disaster, 1962. -„... ein Ereignis, das von der unmittelbaren Gefahr weit verbreiteter oder Schwerer Verletzung, Verlust von Leben oder Besitz als Ergebnis einer natürlichen oder von Menschen hervorgerufenen Ursache gekennzeichnet ist..." (VS-Office of Emergency Prepareness) oder einfach als "Unfall von großem Ausmaß" (Walker, Studio Vista, London, 1973) Unter einer Naturkatastrophe versteht man eine für den Menschen katastrophale Situation die durch die Natur ausgelöst worden ist. Sie führt im schlimmsten Fall zu Massensterben, Massenobdachlosigkeit und Vernichtung von großem materiellem Wert führt. Diese Katastrophen werden als Gottverursachte Katastrophen bezeichnet. Des Weiteren gibt es nach Nussbaumer noch die Zivilisationskatastrophen, also die vom Menschen selbst ausgelöste Katastrophen. Beide Katastrophenarten kann man fast unmöglich trennen. Naturgewalten lösen zwar oft Katastrophen aus, doch können sie als alleinige Ursache für eine Katastrophe oft nur bedingt betrachtet werden. Insbesondere Höhe und Ausmaß der durch sie verursachten Schäden sind vielfach vom Menschen mitverhursact. So ist z.B. ein Erdbeben primär von der Natur ausgelöst, wie viele Menschen aber einem Erdbeben zum Opfer fallen ist menschenbedingt von er Art der Bauweise der Häuser abhängig oder von der ökonomisch und sozialen Lage in dem betroffenen Gebiet abhängig. Ebenso die Großstadtbildung in erdbebengefährdeten Gebieten beeinflussen das Ausmaß eines solchen Ereignisses. Dieser „Menschenanteil" an den Katastrophen ist also beinahe immer vorhanden. Es gibt auch Naturkatastrophen wo der Mensch fast gänzlich allein schuldig ist. Zum Beispiel bei Dürren durch falsche Agrarpolitik, Hochwasser durch falsche Flussregulierung, falsche Siedlungspolitik, Menschenverursachende Waldzerstörung die zu Lawinenunglücken führen, etc..In den letzten Jahren sahen wir vermehrt Katastrophen der Natur in den Medien. Dies erweckte in mir die Frage ob es zu einer Zunahme an Naturkatastrophen in den letzten Jahren gekommen ist oder ob die flächendeckende, Sensationssuchende Medienlandschaft dafür verantwortlich ist. Diese interessante Frage beschäftigt uns im nächsten Kapitel.

3. Nimmt die Gewalt der Natur tatsächlich zu?

Bevor ich auf die Verwundbarkeit des Menschen durch Naturkatastrophen zu sprechen komme möchte ich mich kurz der Frage widmen ob die Gewalt der Natur zunimmt. Naturkatastrophen fordern regelmäßig ihre Todesopfer und bringen Jahr für Jahr Tod, Leid und Zerstörung mit vielen Narben der Erinnerung bei Hinterbliebenen. Unmittelbar Betroffene und jene, die die Katastrophenereignisse heutzutage via Bildschirm miterleben, fragen nach den Ursachen und mögen den Eindruck einer zunehmend katastrophenanfälligeren Natur gewinnen. Ist sie das überhaupt? Nimmt die Gewalt der Natur tatsächlich zu? Gibt es messbare Fakten? Welche Rolle spielt dabei die Informationspolitik der Medienkonzerne, für die gilt: Je größer die Katastrophe, je spektakulärer, sensationsreicher Bilder, desto besser die Einschaltquoten. Ich möchte mit folgenden Tabellen und Statistiken zeigen wie und auf welche Art der Mensch unter Naturkatastrophen zu leiden hatte. Natürlich ist zu hoffen, dass sich die hier aufgelisteten Ereignisse in Zukunft verhindern lassen. Jedoch muss man vor allzu großen Hoffnungen und Erartungen Abstand nehmen. Denn das einzige was der Mensch aus der Geschichte lernt ist: Das der Mensch nichts aus ihr lernt. Zwar wäre die Geschichte ein guter Lehrmeister, doch allzu oft es fehlen die Schüler (Nussbaumer 1996).

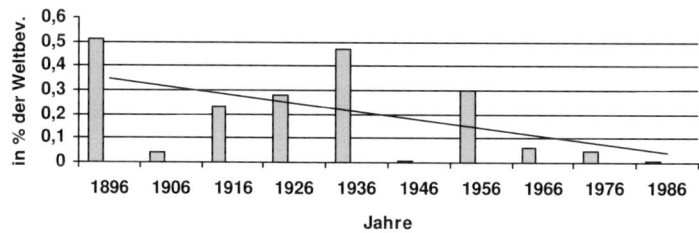

Die Todesgefahr bei Naturkatastrophen / Sterberate nach Dezennien

Quelle: Nussbaumer 1996 , S. 45

In der Statistik auf Seite sechs kann man eindeutig Erkennen, dass die Naturgefahren abnehmen. Die Trendlinie zeigt tendenziell nach unten. Somit würde ich die flächendeckende Berichterstattung der Medien für das weit verbreitet Denken verantwortlich machen, dass die Gefahr der Natur in den letzten Jahren steigt. Diese Frage beschäftigt uns im nächsten Kapitel.

4. Eigene Erhebung

Da ich genau wissen wollte ob die Gesellschaft den Eindruck hat, dass Naturgefahren in den letzten Jahren zugenommen haben, führte ich wie bereits erwähnt, eine kleine eigene Erhebung durch. Befragt wurden 30 Leute aus meinem Bekanntenkreis. Es waren die Antworten; ja Naturkatastrophen haben in den letzten Jahren zugenommen; nein, Naturkatastrophen haben nicht zugenommen und die Anzahl der Naturkatastrophen ist gleich geblieben, möglich. Es konnte nur eine Nennung abgegeben werden. Hier ist das Ergebnis.

Ja, Naturkatastrophen haben in den letzten Jahren zugenommen	Nein, Naturgefahren haben in den letzten Jahren nicht zugenommen	Die Anzahl der Naturkatastrophen ist in den letzten Jahren gleich geblieben
56%	34%	10%

Quelle: eig. Erhebung

Mehr als die Hälfte aller Befragten haben den Eindruck einer zunehmend gewalttätigeren Natur. Etwas mehr als ein Drittel denken, dass die Gewalt der Natur eher zurückgegangen ist und lediglich zehn Prozent finden, dass die Naturgefahren gleich geblieben sind. Somit deckt sich meine Erhebung mit Nussbaumers These, dass die Medienpolitik für diese Meinung verantwortlich ist. Weiterhin lassen sich immer mehr Private aber auch Gesellschaften gegen eventuelle Ereignisse versichern. Ebenfalls besiedelt der Mensch immer extremere Lagen, in denen es dann zwangsläufig zu Katastrophen kommen kann (Muren).

5. Verwundbarkeit von Naturkatastrophen

Fast täglich können wir aus den unterschiedlichsten Medien Nachrichten über Naturkatastrophen hören. Sei es ein Erdbeben, Dürre, Hochwasser etc. Meist kommt es uns vor, als sind davon Regionen betroffen die sowieso schon mit gewaltigen anderen Problemen zu tun haben. Nicht selten hören wir von einer erneuten Dürreperiode in Afrika oder von Überschwemmungen in Indien. Es hat den Anschein, dass solche Katastrophen meist Länder treffen mit geringerer Infrastruktur. Die Theorie von der Verwundbarkeit versucht das Katastrophenrisiko von einzelnen Gesellschaften zu erfassen und zu beschreiben, denn es sind die sozio-kulturellen und politisch-ökonomischen Faktoren, die entscheiden, welche Gesellschaften von solchen Gefahren besonders betroffen sind (Bohle 1994).Zusammenfassend könnte man sagen, dass die Verwundbarkeit versucht zu erklären wer in welchem Maße verwundbar ist. Doch was verstehen wir unter Verwundbarkeit. Dies wird im folgenden Kapitel erläutert.

5.1 Definition von Verwundbarkeit

Nach Bohle handelt es sich bei Verwundbarkeit um das Risiko, einer Stresssituation ausgesetzt zu werden. Des weiterem um das Risiko dieser Stresssituation keine geeigneten Gegenmaßnahmen entgegensetzen zu können und drittens um das Risiko, dass dieser Stress mit negative

Auswirkungen für die betroffenen Menschen mitbringt sowie das Risiko, dass sich die betroffene Gesellschaft auf einen langfristigen Erholungsprozess einstellen muss.

5.2 Verwundbarkeit im sozialwissenschaftlichen Kontext und Theorie von Verwundbarkeit

Um eine Analyse von Verwundbarkeit durchführen zu können bedarf es der Einbeziehung von sozialen, kulturellen, ökologischen und politischen Dimensionen. Alle drei genannten sind voneinander abhängig und bedingen sich gegenseitig (vgl. Abb. 1). Je besser diese Dimensionen an Stresssituationen angepasst sind, desto weniger verwundbar sind sie. Das sozialwissenschaftliche Konzept fand vor allem in der Hungersforschung seine Anwendungsgebiete (vgl. Kap. 4.3). Mit Hilfe von drei Konzepten haben Bohle, Downing und Watts eine Theoretische Erläuterung zur Verwundbarkeit ausgearbeitet. Die Grundlage hierfür bilden die Humanökologie, Verfügungsrechte und die politische Ökonomie. Die **Humanökologie** beschäftigt sich mit der Veränderung der Natur durch menschliches eingreifen. Es wird hinterfragt wie die Menschen mit ihrer physischen Umwelt umgehen und sie erleben, in Bezug auf Gefahren aus der Natur. Der humanökologische Ansatz konfrontiert die verwundbaren Gruppen somit mit den Risiken ihrer Umwelt und auch mit der „Qualität der ihnen zur Verfügung stehenden Ressourcen" (Bohle 1994). Unter **Verfügungsrechten** Verstehen wir die Möglichkeit von Eigenproduktion, dass Vorhandensein von Tauschmitteln, sozio-kulturelle und politische Mitsprache in innerdörflichen Netzwerken und gegenseitige Unterstützung sowie das Grundrecht auf Ernährung. In der **politischen Ökonomie** geht es darum wie nun eben genannte Verfügungsrechte in die politischen Machtstrukturen eingebaut sind. Gibt es in einem politischen System Nutznießer und oder bleiben bestimmte Gruppen auf der Strecke. Diese drei Hauptpunkte wurden in einem Schema zu einem Dreieck verbunden, wobei an der Schnittstelle zwischen Humanökologie und Verfügungsrechten die Risikoträchtigkeit gegenüber Naturgefahren anzusiedeln ist, da hier z.b. Bevölkerungsdruck und oder Umweltdegration mit Austauschbedingungen und verfügungsrechtlicher Ausstattung aufeinander treffen. An der Schnittstelle zwischen Verfügungsrechten und politischer Ökonomie sind die Bewältigungsstrategien anzutreffen, da hier für die betroffenen Gruppen die Chance besteht Gegenmaßnahmen zu treffen. Dazu kommt der politische Status, in wie weit schnelle rasche Hilfe möglich ist. Krüger spricht in diesem Zusammenhang von Vulnerabilität. Dies ist die Wechselbeziehungen zwischen Stress zu absorbieren und sich von diesem zu erholen. An der letzten Schnittstelle zwischen politischer Ökonomie und Humanökologie befindet sich die Rubrik der Folgeschäden und deren Erholung, da hier Faktoren wie Produktionseinbeziehung und

Ressourcenmanagement aufeinander prallen. Betroffen Regionen kann man dann in diesem Dreieck entlang der Koordinaten von Humanökologie, polit. Ökonomie und Verfügungsrechte ansiedeln (Bohle 1994). Im Allgemeinen kann man erklären, dass die Theorie von Verwundbarkeit ein riesiges, mehrdimensionales Netzwerk aus mehreren Faktoren (sozio-kulturell, politisch, ökonomisch, ökologisch, institutionell)darstellt. Je besser ein System mit allen Faktoren angepasst ist, desto geringer sind nach Stresssituation die negativen Auswirkungen.

5.3 Anwendungsbeispiele

Der erste Versuch stammte von Downing im Jahre 1992. Er stellte Verwundbarkeit gegenüber Hungerkrisen auf globaler Ebene dar. Als Hauptindikator nahm er die Nahrungsknappheit auf nationaler Ebene, auf Haushaltsebene und auf individueller Ebene. Dazu bildete er fünf Klassen worauf eine Weltkarte entstand in der die Verwundbarkeit gegenüber Nahrungskrisen von sehr niedrig bis sehr hoch abzulesen war. Auffallend dabei waren die hohe und sehr hohe Verwundbarkeit vieler afrikanischen Länder und Teile Lateinamerikas und Südasiens. Die „Distress Map" von Bangladesh ist eine Mischung aus subjektiven und objektiven Einschätzungen bzw. Daten. Auch hier erfolgte eine achteilige Klasseneinteilung von geringstem Grad von Verwundbarkeit bis höchster Grad von Verwundbarkeit. Diese Karte gibt die Grundanfälligkeit (vier Stufen) einzelner Regionen von Bangladesh gegenüber Hungerkrisen an. Kommt es zu einem Stressereignis in dieser Region (Dürre, Überschwemmung) richtet sich die Hilfe nach dieser Karteneinteilung mit Hilfe einer zweiten darüber liegenden Karte. Eine Karte über Verwundbarkeit in Äthiopien fußt auf Statistiken, offiziellen und inoffiziellen Berichten, Bereisungen und Befragungen vor Ort. Eine fünfstufige Skala versucht die Verwundbarkeit einzelner Gebiete darzustellen. Am Beispiel Äthiopien spricht man noch von chronischer (Agrarproduktion unter Subsistenzmarke) und akuter (räumliche Konzentration von verwundbarer Gruppen wie Kleinbauern, Viehhirten, städtische Armutsgruppen, Binnenflüchtlinge, Vertriebene, Kriegsrückkehrer) Verwundbarkeit.

5.4 Kritiken an der Theorie der Verwundbarkeit

Ursachen von Stresssituationen sind nur sehr schwer von den Folgen zu trennen. Zum Beispiel beruht die Einschränkung von Verfügungsrechten auf das politisch-ökonomische System und stellt daher keine Ursache sondern ein Ausdruck von Verwundbarkeit dar. Weitere wichtige Faktoren wie Seuchen, Krankheiten, Pech, Glück, Zufriedenheit, psychische Einschränkungen kann man nicht in das in Kapitel 4.2 angesprochene Modell mit einbeziehen (Krüger 2003). Weiterhin stellt sich die

Frage, was bei Hilfslieferungen mit Regionen geschieht, die laut Karte an einem Schwellenwert liegen. Bekommen diese Region Hilfe oder keine? Geht es dieser Region, wenn ihr nicht geholfen wird dann schlechter, als Gebieten die Unterstützung erhalten. Weiterhin ändert sich die Anfälligkeit von Verwundbarkeit sie ist nicht statisch, sondern räumlich und zeitlich verschieden (vgl. Krüger 2003). Ebenso ist Krüger der Meinung, dass der Versuch Verwundbarkeit in einer Maßzahl auszudrücken sehr fragwürdig erscheint. Gleichzeitig würde eine Klassifikation gleichzusetzen sein mit einer Einteilung in die umstrittenen Bezeichnungen „Erste Welt, Zweite Welt und Dritte Welt".

5.5 Behebung der Kritikpunkte

Das Konzept der Lebensereignisse stammt aus der medizinischen Psychologie und stellt wenn es integriert in die bisherige Theorie von Verwundbarkeit einen „stimmigeres Modell" dar. Das Konzept der Lebensereignisse bezieht sämtliche im Alltag geschehen Zufälle mit ein. Angesprochen werden in dieser Theorie sämtliche Ereignisse auf den menschlichen Körper in Bezug auf seine Seele und auf seinen Körper. Diese Ereignisse ob positiv oder negativ, geschehen im Sozialraum der Verwundbarkeit. In folgendem vereinfachten Schema habe ich versucht dieses Modell und das Modell der Theorie von Verwundbarkeit für mich so zusammenzufassen, dass es für mich verständlich erscheint. Das Problem mit Schwellenwerten lässt sich sicher nie ganz ausräumen.

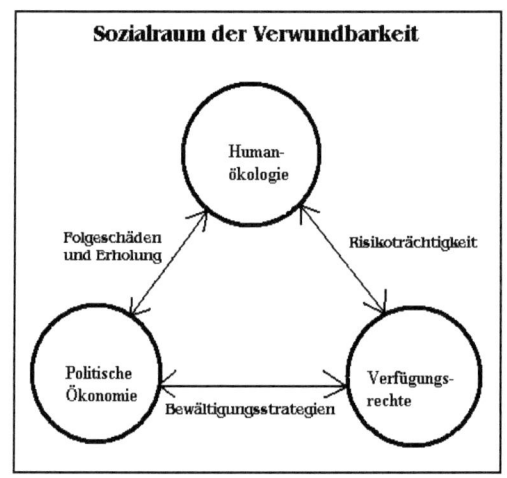

Abbildung 1: vereinfachtes Modell zur Theorie von Verwundbarkeit nach Bohle und Krüger (1994, S. 121)

6. Ausblick

Alles in allem scheint somit der Tatbestand einer Katastrophe oder einer Naturkatastrophe nicht präzise fassbar zu sein. Es ist viel eher ein Herantasten an einen Zustand, von dem mit ziemlicher Sicherheit nur eines behauptet werden kann, dass wohl jedes vernünftige Individuum danach trachten wird, möglichst nicht zu den Opfern oder den Betroffenen jenes Zustandes zu gehören. Auch sollte der Mensch aus seiner Geschichte lernen, nur leider wie schon erwähnt fehlen oft die Schüler, so dass wir nur fleißig den Medien lauschen müssen, bis die nächste schreckliche Meldung über eine Naturkatastrophe kommt. Wahrscheinlich wird auch die Opferzahl durch Naturgewalten nicht deutlich zurückgehen, da der Mensch anscheinend nicht begreifen will das er mit der Natur und nicht gegen die Natur leben muss.

7. Quellenverzeichnis:

Literaturverzeichnis:

R. K. Baladin, Naturkatastrophen, Moskau 1975

H.-G. Bohle, „Dürrekatastrophen und Hungerkrisen" in Geographischen Rundschau 1994

F. Krüger, „Handlungsorientierte Entwicklungsforschung: Trends, Perspektiven, Defizite" in Petermanns Geographische Mitteilungen Heft 1 /2003

J. Nussbaumer, Die Gewalt der Natur, Innsbruck 1996

E. Obler, Die Macht der Natur, Leipzig 2000

G. Walder, Die Berücksichtigung von Naturgefahren in der Raumordnung, Dissertation, Innsbruck 1990

Internetquellen:

http://www.deecee.de/uploads/pics/Lawine3.jpg

BEI GRIN MACHT SICH IHR WISSEN BEZAHLT

- Wir veröffentlichen Ihre Hausarbeit,
  Bachelor- und Masterarbeit

- Ihr eigenes eBook und Buch -
  weltweit in allen wichtigen Shops

- Verdienen Sie an jedem Verkauf

Jetzt bei www.GRIN.com hochladen und kostenlos publizieren